BEI GRIN MACHT SICH IHR WISSEN BEZAHLT

- Wir veröffentlichen Ihre Hausarbeit,
  Bachelor- und Masterarbeit

- Ihr eigenes eBook und Buch -
  weltweit in allen wichtigen Shops

- Verdienen Sie an jedem Verkauf

Jetzt bei www.GRIN.com hochladen
und kostenlos publizieren

Bibliografische Information der Deutschen Nationalbibliothek:

Die Deutsche Bibliothek verzeichnet diese Publikation in der Deutschen National-
bibliografie; detaillierte bibliografische Daten sind im Internet über http://dnb.d-
nb.de/ abrufbar.

Dieses Werk sowie alle darin enthaltenen einzelnen Beiträge und Abbildungen
sind urheberrechtlich geschützt. Jede Verwertung, die nicht ausdrücklich vom
Urheberrechtsschutz zugelassen ist, bedarf der vorherigen Zustimmung des Verla-
ges. Das gilt insbesondere für Vervielfältigungen, Bearbeitungen, Übersetzungen,
Mikroverfilmungen, Auswertungen durch Datenbanken und für die Einspeicherung
und Verarbeitung in elektronische Systeme. Alle Rechte, auch die des auszugsweisen
Nachdrucks, der fotomechanischen Wiedergabe (einschließlich Mikrokopie) sowie
der Auswertung durch Datenbanken oder ähnliche Einrichtungen, vorbehalten.

Impressum:

Copyright © 2016 GRIN Verlag, Open Publishing GmbH
Druck und Bindung: Books on Demand GmbH, Norderstedt Germany
ISBN: 9783668245082

Dieses Buch bei GRIN:

http://www.grin.com/de/e-book/334700/ein-ueberblick-ueber-das-zentrale-sehsys-
tem-die-reizweiterleitung-und

Malte Hundertmark

Ein Überblick über das zentrale Sehsystem. Die Reizweiterleitung und die strukturelle Verarbeitung von Signalen

GRIN Verlag

GRIN - Your knowledge has value

Der GRIN Verlag publiziert seit 1998 wissenschaftliche Arbeiten von Studenten, Hochschullehrern und anderen Akademikern als eBook und gedrucktes Buch. Die Verlagswebsite www.grin.com ist die ideale Plattform zur Veröffentlichung von Hausarbeiten, Abschlussarbeiten, wissenschaftlichen Aufsätzen, Dissertationen und Fachbüchern.

Besuchen Sie uns im Internet:

http://www.grin.com/

http://www.facebook.com/grincom

http://www.twitter.com/grin_com

Hausarbeit

Von

Malte Hundertmark

Das zentrale Sehsystem

Ausgabe: 03.02.2016

Abgabe: 07.06.2016

Inhaltsverzeichnis

1 Einführung

Der Sehsinn ist das wichtigste Sinnessystem des Menschen und liefert 80% der Informationen über die Außenwelt an das Gehirn. Dieses wird zu einem Viertel mit den visuellen Signalen beschäftigt, was ein vergleichbar großer Teil ist.

Der Mensch kann sowohl Dinge in großer Entfernung als auch sehr nahe Objekte erkennen, einordnen und ihre Farbe bestimmen. Dazu müssen sehr viele Reize verarbeitet werden. Man kann dies mit dem Trinken aus einem Wasserfall vergleichen. Aus der großen Reizflut muss das wesentliche herausgefiltert und verarbeiten werden, um im Gehirn ein genaues Abbild der Umwelt entstehen zu lassen. Dazu bedarf es zusätzlich einer hohen Geschwindigkeit, damit es zu keiner Verzögerung zwischen Umwelt und Wahrnehmung kommt. Die Frage, wie dies umgesetzt wird, soll beantwortet werden. Hierbei soll der Thematische Schwerpunkt auf der Reizweiterleitung, der in der Retina entstandenen Signale und ihrer strukturellen Verarbeitung liegen. Die verschiedenen Abschnitte werden differenzierter betrachtet um einen möglichst kompletter Eindruck des zentralen Sehsystems zu vermitteln.

2   Ganglienzellen

Die Ganglienzellen in der Retina (Abb.1) erzeugen Aktionspotentiale, welche über die Axone mit unterschiedlichen Geschwindigkeiten weitergeleitet werden. Danach lassen sich drei Ganglienzellklassen unterscheiden.

2.1 α-Zellen

Die α-Zellen, auch M–Zellen genannt, sind für die Wahrnehmung von Hell und Dunkel verantwortlich und dienen zusätzlich der Bewegungserfassung. Sie

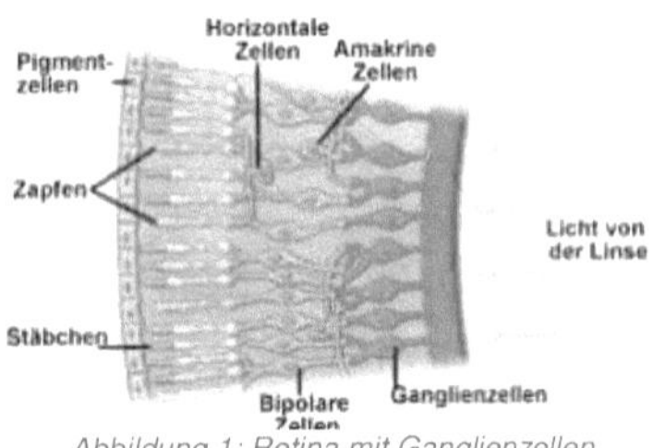

Abbildung 1: Retina mit Ganglienzellen

machen etwa 10 % der gesamten Ganglienzellen aus und sind dem magnozellulären System zugeordnet. Dadurch, dass sie sehr dicke und markhaltige Axone besitzen, können sie eine hohe Leitgeschwindigkeit von 40 $^m/_s$ generieren. Somit ist es ihnen möglich auf kleine Beleuchtungsunterschiede zu reagieren und bewegte Objekte im Raum zu erfassen.

2.2 β-Zellen

Die β-Zellen, auch P-Zellen genannt, dienen der Farben- und Formenerkennung. Dadurch, dass sie kleinere Zellkörper und dünnere Axone besitzen, die außerdem wenig Mark enthalten leiten sie langsamer als die α-Zellen. Ihre Leitgeschwindigkeit liegt bei 20 $^m/_s$. Sie machen aber mit 80% einen wesentlich größeren Anteil der Ganglienzellen aus.

2.3 γ-Zellen

Die verbleibenden 10% sind γ-Zellen. Diese bestehen aus kleinen konischen Zellen und besitzen die kleinsten und markarmsten Axone der Ganglienzellen. Dadurch beträgt ihre Leitgeschwindigkeit nur maximal 10 ^{m}/s. Sie sind für die Steuerung der Pupillenmotorik zuständig.[1;2]

3 Sehbahn

Im engeren Sinne versteht man unter der Sehbahn den Teil vom Chiasma opticum bis hin zum Gehirn. Im weiteren Sinne lässt sich allerdings auch der Teil zwischen Ganglienzellen und Chiasma opticum betrachten, da es hier auch zu einer Weiterleitung des Sehreizes kommt. Im gesamten Verlauf wird die Topologie der Retina beibehalten. Es herrscht also eine retinotopische Organisation und es wird in den verschiedenen Arealen eine Kopie der Retina abgebildet.

3.1 Nervus opticus

Der Nervus opticus besteht aus den gebündelten Axonen (siehe Abb.2) der Ganglienzellen und bildet einen Teil der Sehbahn. Dieses Nervenfaserbündel verlässt das Auge durch die Bulbuswand als sogenannte Sehnervenpapille. Da sich an dieser Stelle keine Sinneszellen befinden, bildet sich dort der blinde Fleck auf der Netzhaut. Die Nervenfasern sind ab hier von

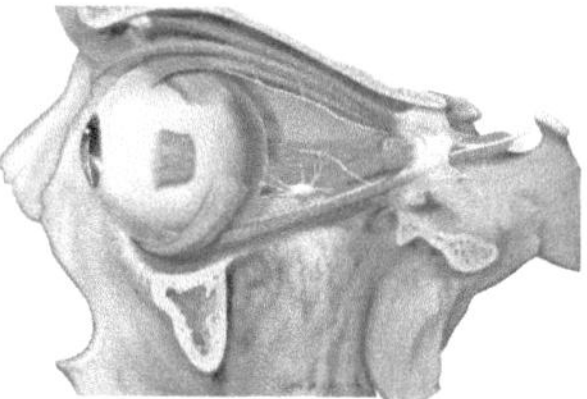

Abbildung 2: Nervus opticus (grün)

Myelinhüllen ummantelt, was die Leitungsgeschwindigkeit erhöht.

---

[1] Désirée Hamsch: Physiologie, Urban & Fischer, München 2009, S.92
[2] Universität Heidelberg http://www.psychologie.uniheidelberg.de/ae/allg/lehre/wct/w/
w3_visuelles_system/w331_ganglienzellen.html (Zugriff: 14.05.2016)

Solange der Nervus opticus sich noch in der Augenhöhle befindet, ist er in Fett eingebettet und die Arteria centralis retinae sowie die Vena centralis retinae treten hier in ihn ein, um die Retina zu versorgen (siehe Abb. 3). Beim Verlassen umgibt ihn der Sehnenring des Augenmuskels (siehe Abb. 4).[3;4]

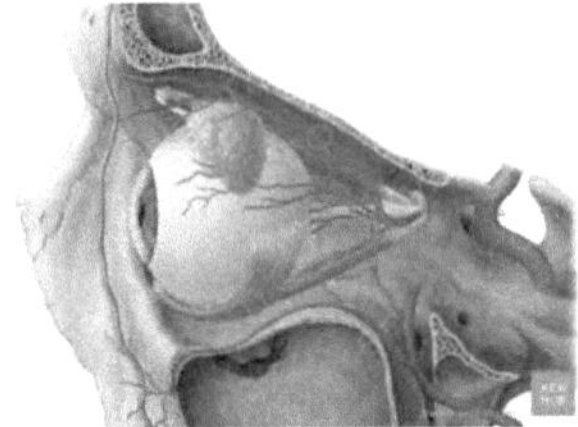
Abbildung 3: Versorgung der Retina

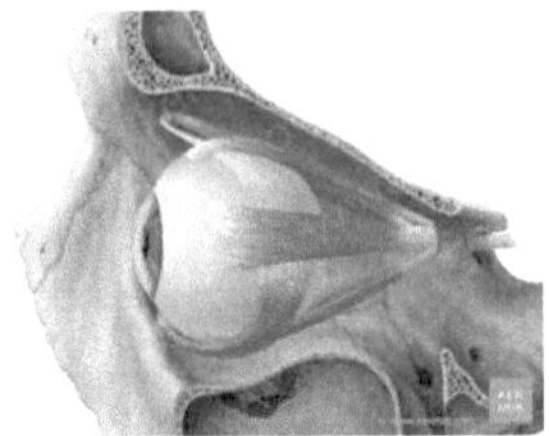
Abbildung 4: Augenmuskel

3.2 Chiasma opticum

Nachdem der Nervus opticus die Augenhöhle durch den Canalis opticus des Keilbeins verlassen hat und sich nun in der Schädelhöhle im Subarachnoidalraum befindet, trifft er an der Schädelbasis im Chiasma opticum auf den Nervus opticus des anderen Auges. An dieser Nervenkreuzungsstelle kommt es zu einem Tausch der Nasalen Fasern. Dadurch verlaufen diese Nervenfasern des rechten Auges im weiteren Verlauf mit den temporalen Fasern des linken Auges und umgekehrt (siehe Abb. 5). Außerdem zweigen an dieser Stelle einige Faser ab, um Lichtreize an den Hypothalamus zu übermitteln.[5]

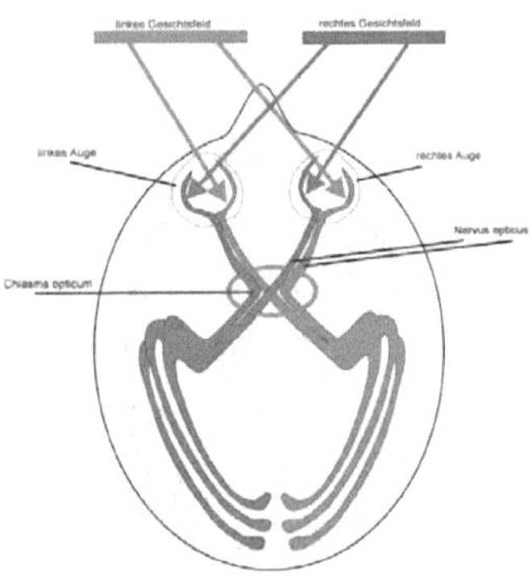

Abbildung 5: Verlauf der Sehbahn

[3] Christian Hick, Astrid Hick: Intensivkurs Physiologie, Urban & Fischer, München 2009, S.34
[4] Dr. Frank Antwerpes, DocCheck 11.03.2014
http://flexikon.doccheck.com/de/Benutzer:0FCA4E9878DF4 (Zugriff: 05.04.2016)
[5] Christian Hick, Astrid Hick: Intensivkurs Physiologie, Urban & Fischer, München 2009, S.347

3.3 Tractus opticus

Die im Chiasma opticum neu formierten Nervenfaserbündel werden als linker bzw. rechter Tractus opticus bezeichnet. Dadurch, dass sich der linke Tractus opticus aus den Axonen der temporalen Retinahälfte des linken Auges und der nasalen Retinahälfte des rechten Auges zusammensetzt, übermittelt er die komplette Abbildung der rechten Gesichtshälfte. Beim rechten Tractus opticus ist es entsprechend die linke Gesichtshälfte (siehe Abb. 5 und 6).

3.4 Corpus geniculatum laterale

Der Corpus geniculatum laterale (CGL) wird auch als seitlicher Kniehöcker bezeichnet. Hier endet der Tractus opticus und die ankommenden Signale der jeweils gegenüberliegenden Gesichtshälfte werden zum ersten Mal verarbeitet. Außerdem werden sie mit vielen Signalen aus anderen Hirnregionen (80-90 % der Eingangsfasern) kombiniert[6]. Dadurch wird z.B. eine „Reduzierung der Informationsverarbeitung im Schlaf"[7] umgesetzt. Die Fasern von der kontralateralen (K), nasalen Retinahälfte ziehen zu den Schichten 1, 4 und 6. Die der ipsilateralen (I), temporalen Retinahälfte zu 2, 3 und 5. Diese sechs Zellkörperschichten sind untereinander durch Axone und Dendriten verbunden und lassen sich noch mal nach ihren Zellgrößen qualifizieren. (siehe Abb. 6).

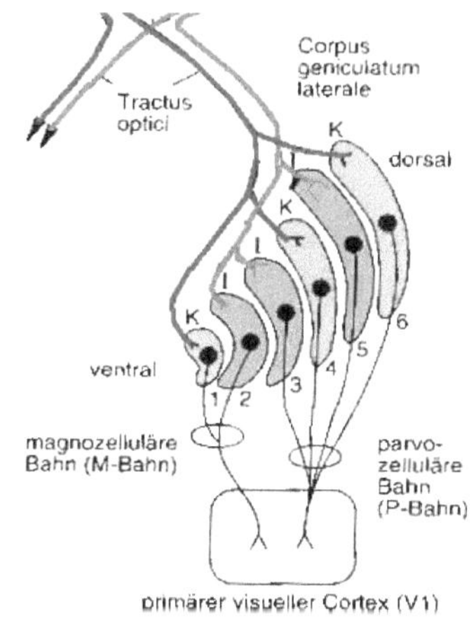

Abbildung 6: Corpus geniculatum laterale

3.4.1 Magnozelluläre Schichten

Die Schichten 1 und 2 sind magnozelluläre Schichten, die sich durch große Zellkörper und starke Axone auszeichnen. Auch hier wird eine hohe Leitungsgeschwindigkeit umgesetzt, wodurch sie besonders zur

---

[6] Prof. Dr. Rainer Schandry: Biologische Psychologie, Beltz Verlag, Weinheim, Basel 2011 S.256
[7] Christian Hick, Astrid Hick: Intensivkurs Physiologie, Urban & Fischer, München 2009, S.349

Bewegungsanalyse geeignet sind. Sie erhalten Ihre Informationen von den in 2.1 erwähnten α-Ganglienzellen der Retina.

3.4.2 Parvozelluläre Schichten

Die parvozellulären Schichten 3 bis 6 haben analog zu ihren Versorgern, den β-Ganglienzellen (siehe 2.2), kleinere Zellkörper und dünnere Axone. Somit sind sie für Analyse von Farben und Formen zuständig. Außerdem verstärken sie Hell-Dunkel-Kontraste. [8;9]

3.5 Radiatio optica

Vom Corpus geniculatum laterale führen etwa 1 Million Axone über die Radio optica oder Sehstrahlung zum primären visuellen Kortex. Auch hier gibt es wieder zwei Anteile. So verläuft der eine Teil oberhalb, der andere unterhalb des Sulcus calcarinus. Der untere zieht erst Richtung Temporallappen und bildet so die Meyersche Schleife (siehe Abb. 7).

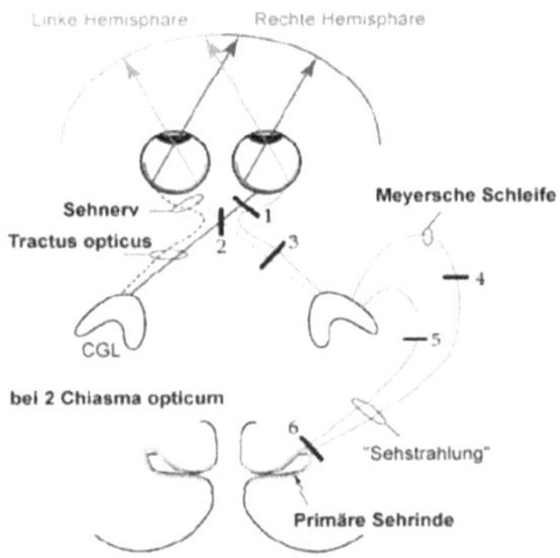

Abbildung 78: Sehbahn mit Sehstrahlung und Meyersche Schleife

[8] Désirée Hamsch: Physiologie, Urban & Fischer, München 2009, S. 92
[9] Eric R. Kandel, James H. Schwartz, Thomas M. Jessell (Hrsg.): Neurowissenschaften - Eine Einführung, Spektrum Akademischer Verlag 2011, S.436

3.6 Prätectum / Colliculi superiores

Wie in 3.2 erwähnt, ziehen nicht alle Fasern zum Corpus geniculatum laterale. Diese Nervenfasern führen zum Prätectum und zu den Colliculi superiores[10] (siehe Abb. 8). Hier wird durch visuelle Information der Pupillenreflex ausgelöst und die visuell gesteuerte Augenbewegung vermittelt. So wird ein Objekt, welches sich am Rande des Gesichtsfeldes bewegt, durch eine von den Colliculi superiores ausgelösten Augenbewegung, zentriert und gehalten. Man spricht auch vom visuellen Greifreflex.[11;12]

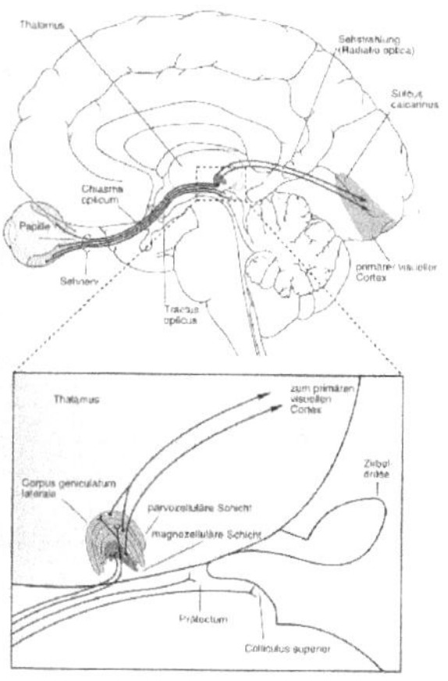

Abbildung 8: Schema der Projektion von Retina zu visuellen Arealen

4 Visueller Kortex

Als visuellen Kortex bezeichnet man die Areale im Gehirn, die für die Verarbeitung der visuellen Signale zuständig sind. Diese liegen teilweise weit auseinander und sind im folgenden Area V1 – V5 (siehe Abb. 9).

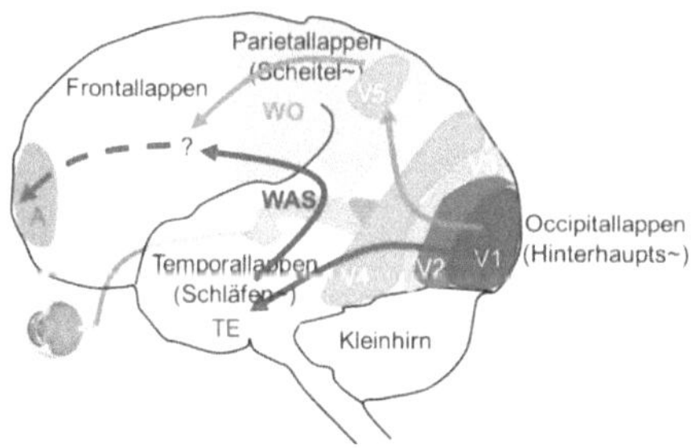

Abbildung 9: Visueller Kortex

---

[10] singular: Colliculus superior
[11] Eric R. Kandel, James H. Schwartz, Thomas M. Jessell (Hrsg.): Neurowissenschaften - Eine Einführung, Spektrum Akademischer Verlag 2011
[12] Prof. Dr. Rainer Schandry: Biologische Psychologie, Beltz Verlag, Weinheim, Basel 2011, S.255

4.1 Area V1 - Primärer visueller Kortex

Der primäre visuelle Kortex (primäre Sehrinde) liegt im Okzipitallappen (siehe Abb.10) der Hirnrinde und ist die Region, in der die Axone der Radiatio optica finalisieren. Somit schließt hier auch die Sehbahn ab und es kommt zur Verarbeitung der ursprünglich am Auge entstandenen Signale.

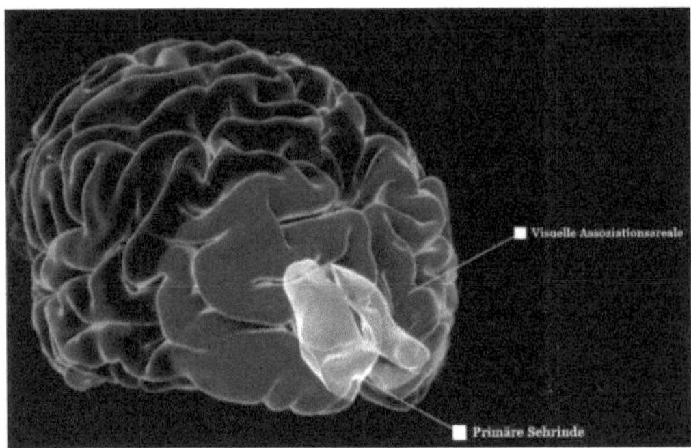

Abbildung 1015: Primärer visueller Kortex

Die Gesichtsfeldhälften werden kontralateral repräsentiert und durch den Sulcus calcarinus noch mal vertikal getrennt. Es kommt zur Abbildung der des gesamten Gesichtsfeldes in 12 Abschnitten (siehe Abb.11). Auffällig ist dabei, dass die Fovea sehr viel stärker repräsentiert wird als der übrige Teil des Gesichtsfeldes. Dies ist sinnvoll, da es sich um den wesentlichen Teil handelt. Wenn das gesamte Gesichtsfeld mit der gleichen Intensität der Fovea abgebildet werden würde, müsste der Sehnerv um ein vielfaches Dicker sein.

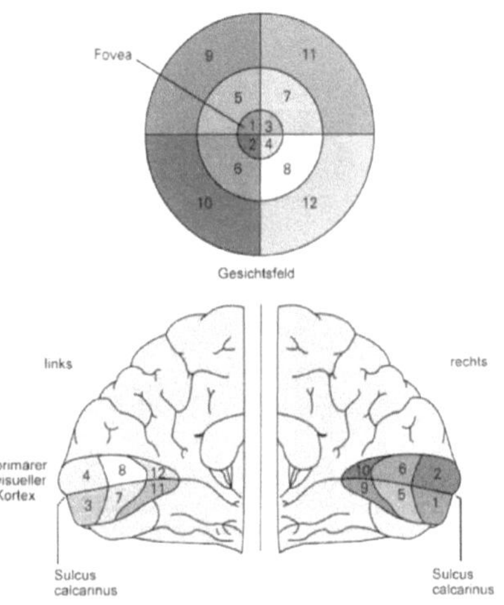

Abbildung 1116: Repräsentation des Gesichtsfeldes im visuellen Kortex

Aufgeteilt ist die 1,5-3 mm dicke primäre Sehrinde in sechs Schichten (Laminae), welche dann teilweise noch feinere Strukturen aufweisen. So ist die Zellschicht IV noch in die Unterschichten a-c eingeteilt. In dieser Schicht enden viele der afferenten Axone. Außerdem ist die Area V1 in vertikale Zellsäulen gegliedert, welche funktionell einheitlich reagieren. Dies wird durch Interneurone innerhalb einer Säule realisiert. Die Schicht IVc besitzt hauptsächlich Nervenzellen mit einfachen rezeptiven Feldern, welche sehr gut auf farbige Reize reagieren. In IVb werden besonders Bewegungssignale verarbeitet. Die in den Schichten I-III angelegten Nervenzellen „reagieren gut auf Hell-Dunkel-Konturen bestimmter räumlicher Orientierung (orientierungsspezifisch) und Bewegungsrichtung (bewegungsspezifisch). Ein Teil der Nervenzellen reagiert selektiv auf Konturen, die durch zwei bestimmte Farben gebildet werden (farbspezifisch).[Diese werden als Blobs bezeichnet] Die meist binokular innervierten Nervenzellen der Area V1 sind in okuläre Dominanzsäulen gegliedert (siehe Abb. 12) und entweder durch Signale aus dem linken oder rechten Auge stärker aktivierbar. Die okulären Dominanzsäulen sind in Orientierungssäulen unterteilt (siehe Abb. 12). Nervenzellen der zytoarchitektonischen Schichten I-III und V-VI, die innerhalb einer bestimmten Orientierungssäule liegen, reagieren am besten auf Hell-Dunkelkonturen der gleichen räumlichen Orientierung (siehe Abb.12). Zwischen den Orientierungssäulen gibt es zytochromoxidasereiche Bereiche (siehe Abb.12) mit Nervenzellen ohne Orientierungspräferenz, die meist farbspezifisch reagieren"[13].

Von den Schichten III und IV verlaufen Axone zu den weiteren visuellen Arealen V2 V5 (sekundäre Sehrinde). Aus den Schichten V und VI gibt es eine Rückkopplung zu den Colliculi superiores und dem CGL.

In der Area V1 kommen zusätzlich, zu den afferenten visuellen Signalen, auch noch rückläufige Verbindungen aus höheren visuellen Regionen an. Außerdem gibt es auch noch Verbindungen zu intralaminären Thalamuskernen.

---

[13] Dr. Dr. h.c. Robert F. Schmidt, Prof. Dr. Florian Lang, Prof. Dr. Dr. Gerhard Thewes: Physiologie des Menschen mit Pathophysiologie, 29. Auflage, Springer 2005 S. 239 f.

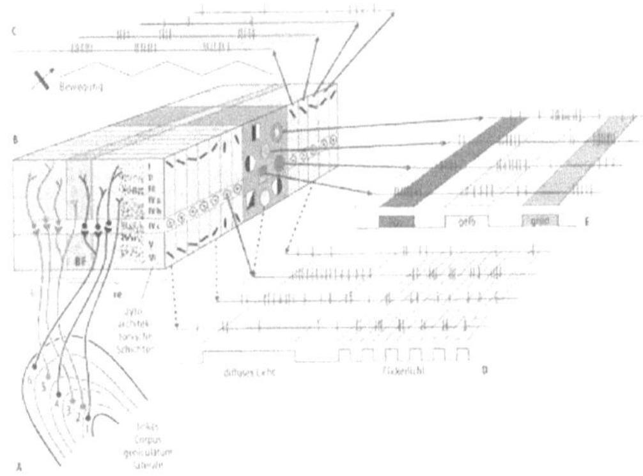

Abbildung 12: Säulenorganisation in der primären Sehrinde

4.2 Area V2

Die Signale für die Area V2 kommen aus der Area V1. Hier kommt es zu einer Weiterverarbeitung von farbspezifischen Informationen. Sie ist besonders wichtig für die visuelle Gestalterkennung. „Konturen bestimmter Orientierung sind visuelle Reizmuster, die Neurone der Area V2 besonders stark aktivieren."[14] Es kommt auch zu einer Reaktion auf Scheinkonturen, die eigentlich nicht existieren. Daraus lässt sich erkennen, dass es hier zu einer Gestaltergänzung kommt.

4.3 Area V3

Die Area V3 ist der V2 nachgeschaltet und hier kommt es zu einer Reaktion auf bewegte Konturen- und Tiefeninformationen. Die rezeptiven Felder „sind deutlich größer als in Area V1. Funktionell kommt Area V3 vermutlich die Gestalterkennung einzelner bewegter Objekte und die Analyse der Gestaltinvarianz bei Rotation oder Entfernung eines dreidimensionalen Gegenstandes zu."[15]

---

[14] Dr. Dr. h.c. Robert F. Schmidt, Prof. Dr. Florian Lang, Prof. Dr. Dr. Gerhard Thewes: Physiologie des Menschen mit Pathophysiologie, 29. Auflage, Springer 2005 S.393
[15] Dr. Dr. h.c. Robert F. Schmidt, Prof. Dr. Florian Lang, Prof. Dr. Dr. Gerhard Thewes: Physiologie des Menschen mit Pathophysiologie, 29. Auflage, Springer 2005 S.393

4.4 Area V4

In der Area V4 kommen Axone von farbspezifischen Nervenzellen aus V1 und V2 an. „Dort reagieren Nervenzellen auf einen relativ engen Ausschnitt des Farbenraumes der Oberflächenfarben oder auf Farbkonturen. Wahrscheinlich kommt der Area V4 eine wichtige Aufgabe zu bei der Wahrnehmung von Oberflächenfarben und der Objekterkennung mithilfe von Farbkontrasten."[16]

4.5 Area V5

Die Area V5 scheint ebenfalls für die Verarbeitung von Bewegungen zuständig zu sein. Dies ist aber bislang noch nicht ausreichend aufgeklärt.

Die höheren Verarbeitungsgebiete senden ihrerseits ein Feedback zu den vorangegangenen Verarbeitungsstufen des Kortexes. Auf diese Weise werden mehrere Aspekte der visuellen Wahrnehmung miteinander verknüpft.

Die Verarbeitung visueller Eindrücke reicht noch über den Okzipitallappen hinaus. Teile der höheren Verarbeitung finden auch im Parietallappen und im Temporallappen statt. Farben, Formen, Bewegungen und Raum werden in dieser höheren Verarbeitung zunehmend detaillierter ausgewertet, was teilweise auch in sehr hochspezialisierten Gebieten erfolgt.

---

[16] Dr. Dr. h.c. Robert F. Schmidt, Prof. Dr. Florian Lang, Prof. Dr. Dr. Gerhard Thewes: Physiologie des Menschen mit Pathophysiologie, 29. Auflage, Springer 2005 S.393 f.

5   Fazit

Bei der genauen Betrachtung des Sehsystems werden die Komplexität und der Umfang deutlich. Auf die Entstehung der visuellen Signale in der Retina, folgt der erste Abschnitt der Sehbahn. Der Nervus opticus leitet bis zur Sehnervenkreuzung dem Chiasma opticum, wo sich die nasalen Fasern kreuzen um zwei Gesichtsfelder abzubilden. Anschließend verlaufen die Nervenfasern als Tractus opticus in den Thalamus zum Corpus geniculatum laterale, dem Prätectum und den Colliculi superiores. Dort findet eine erste Signalverarbeitung statt und anschließend verläuft die Sehbahn auf Ihrem letzten Teilstück, der Sehstrahlung zum visuellen Kortex. Im visuellen Kortex findet dann auf verschiedenen Ebenen, die abschließende Verarbeitung statt. Somit ist die Frage nach der Umsetzung beantwortet.

Auch wenn das System schon in weiten Teilen erforscht wurde, gibt es immer noch Bereiche die nicht abschließend geklärt sind. So ist es z.B. nicht klar, wie das Sehen eines Bildes eine Emotionale Reaktion hervorruft. Außerdem stellt sich die Frage, wie man sicher sein kann, dass die Welt immer so ist wie sie wahrgenommen wird, wenn der Mensch auf einfachste optische Täuschungen hereinfällt.

6 Literaturverzeichnis

- Eric R. Kandel, James H. Schwartz, Thomas M. Jessell (Hrsg.): Neurowissenschaften - Eine Einführung, Spektrum Akademischer Verlag 2011
- Christian Hick, Astrid Hick: Intensivkurs Physiologie, Urban & Fischer, München 2009
- Prof. Dr. Rainer Schandry: Biologische Psychologie, Beltz Verlag, Weinheim, Basel 2011
- Désirée Hamsch: Physiologie, Urban & Fischer, München 2009
- Dr. Dr. h.c. Robert F. Schmidt, Prof. Dr. Florian Lang, Prof. Dr. Dr. Gerhard Thewes: Physiologie des Menschen mit Pathophysiologie, 29. Auflage, Springer 2005
- http://www.psychologie.uni-heidelberg.de/ae/allg/lehre/wct/w/w3_visuelles_system/w331_ganglienzellen.htm (Zugriff: 14.05.2016)
- Dr. Frank Antwerpes, DocCheck 11.03.2014 http://flexikon.doccheck.com/de/Benutzer:0FCA4E9878DF4 (Zugriff: 05.04.2016)

7 Abbildungsverzeichnis

BEI GRIN MACHT SICH IHR WISSEN BEZAHLT

- Wir veröffentlichen Ihre Hausarbeit, Bachelor- und Masterarbeit

- Ihr eigenes eBook und Buch - weltweit in allen wichtigen Shops

- Verdienen Sie an jedem Verkauf

Jetzt bei www.GRIN.com hochladen und kostenlos publizieren